江苏科普创作出版扶持计划项目

【渔美四季丛书】

丛书总主编 殷 悦 丁 玉

罗氏沼虾

——骁勇善战的长臂大侠

李旭光 沈长华 主编

王俊博 绘画

江苏凤凰科学技术出版社 · 南京

图书在版编目（CIP）数据

罗氏沼虾：骁勇善战的长臂大侠 / 李旭光，沈长华主编 . —南京：江苏凤凰科学技术出版社，2023.12
（渔美四季丛书）
ISBN 978-7-5713-3847-3

Ⅰ. ①罗… Ⅱ. ①李… ②沈… Ⅲ. ①罗氏沼虾 - 淡水养殖 - 青少年读物 Ⅳ. ① S966.12-49

中国国家版本馆 CIP 数据核字 (2023) 第 210243 号

渔美四季丛书
罗氏沼虾——骁勇善战的长臂大侠

主　　编　李旭光　沈长华
策划编辑　沈燕燕
责任编辑　严　琪
责任校对　仲　敏
责任印制　刘文洋
责任设计　蒋佳佳

出版发行　江苏凤凰科学技术出版社
出版社地址　南京市湖南路 1 号 A 楼，邮编：210009
出版社网址　http://www.pspress.cn
照　　排　江苏凤凰制版有限公司
印　　刷　南京新世纪联盟印务有限公司

开　　本　787 mm × 1 092 mm　1/16
印　　张　3.75
字　　数　70 000
版　　次　2023 年 12 月第 1 版
印　　次　2023 年 12 月第 1 次印刷

标准书号　ISBN　978-7-5713-3847-3
定　　价　28.00 元

“渔美四季丛书”编委会

主　　任　潘建林　马俊斌

副 主 任　殷　悦　丁　玉　张　洁

委　　员　（按姓氏笔画排序）

万清宇　王　牧　李大命　李宗芳　李寅秋　张　军　张燕宁

陈风蔚　陈甜甜　高钰一　唐晟凯　彭　刚　潘　璐

主创单位　江苏省淡水水产研究所

《罗氏沼虾——骁勇善战的长臂大侠》编写人员

主　　编　李旭光　沈长华

绘　　画　王俊博

参编人员　（按姓氏笔画排序）

李　勇　杨　涛　张　黎　陈　巍　陈寿康　周　军　孟庆国

胡官鑫　夏　楠　顾　伟　徐　浩　黄嘉雯　鹿思语　颜庆峰

支持单位　高邮市农村投资发展集团有限公司

南京师范大学

序

在宇宙亿万年的演化过程中，地球逐渐形成了海洋湖泊、湿地森林、荒原冰川等丰富多样的生态系统，也孕育了无数美丽而独特的生命。人类一直在不断地探索，并尝试解开这些神秘的生命密码。

“渔美四季丛书”由江苏省淡水水产研究所组织编写，从多角度讲述了丰富而有趣的鱼类生物知识。从胭脂鱼的梦幻色彩到刀鲚的身世之谜，从长吻鮠的美丽家园到河鲀的海底怪圈，从环棱螺的奇闻趣事到克氏原螯虾和罗氏沼虾的迁移历史……在这套丛书里，科学性知识以趣味科普的方式娓娓道来。丛书还特邀多位资深插画师手绘了上百幅精美的插图，既有写实风格，亦有水墨风情，排版别致，令人爱不释手。

此外，丛书的内容以春、夏、秋、冬为线索展开，自然规律与故事性相结合，能激发青少年读者的好奇心、想象力和探索欲，增强他们的科学兴趣。让读者在感叹自然的奇妙之余，还能对海洋湖泊、物种生命多一份敬畏之情和爱护之心。

教育部“双减”政策的出台，给学生接近科学、理解科学、培养科学兴趣腾挪了空间和时间。这套丛书适合青少年阅读学习，既是鱼类知识的科普读物，又能作为相关研学活动的配套资料，方便老师教学使用。

科学的普及与图书出版休戚相关。江苏凤凰科学技术出版社发挥专业优势，致力于科技的普及和推广，是一家有远见、有担当、有使命的大型出版社。江苏省淡水水产研究所发挥省级科研院所渔业力量，将江苏优势渔业科技成果首次以科普的形式展现出来，“渔美四季丛书”的主题内容，与党的二十大报告提出的“加快建设农业强国”指导思想不谋而合。我相信，在以经济建设为中心的党的基本路线指引下，科普类图书出版必将在服务经济建设、服务科技进步、服务全民科学素质提升上发挥更重要的作用。希望这套丛书带给读者美好的阅读体验，以此开启探索自然奥妙的美妙之旅。

原江苏省青少年科技教育协会秘书长

七彩语文杂志社社长

前言

2021年6月25日，国务院印发《全民科学素质行动规划纲要（2021—2035年）》。习近平总书记指出："科技创新、科学普及是实现创新发展的两翼，要把科学普及放在与科技创新同等重要的位置。没有全民科学素质普遍提高，就难以建立起宏大的高素质创新大军，难以实现科技成果快速转化。"

"渔美四季丛书"精选特色水产品种，其中胭脂鱼摇曳生姿，刀鲚熠熠生辉，长吻鮠古灵精怪，环棱螺腹有乾坤，河鲀生人勿近，克氏原螯虾勇猛好斗，罗氏沼虾广受欢迎。这些水产品种形态各异、各有特色。

丛书揭开了渔业科研工作的神秘面纱，化繁为简，以平实的语言、生动的绘画，展示了这些水生精灵的四季变化，将它们的过去、现在与未来，繁殖、培育与养成，向读者娓娓道来。最终拉近读者与它们之间的距离，让科普更亲近大众，让创新更集思广益、有的放矢。

中华文明，浩浩荡荡，科学普及，任重道远。愿"渔美四季丛书"在渔业发展的道路上，点一盏心灯，筑一块基石！

编者

目录

第一节

长臂大侠的家长里短

敢问大侠何门何派

“小渔，开饭啦！快过来吃饭。”正在盛饭的于晓对着江小渔的房间喊道。等到一家三口吃的饭盛好放在餐桌上时，也不见江小渔的踪影，于晓瞥了一眼丈夫，江茂立马坦白：“禀告老婆大人，隔壁新搬来的小伙子罗夏和苏严一样是个渔业科研工作者，醉心于罗氏沼虾的研究。你也知道咱家小渔是个“水产迷”，碰见新奇的物种，像极了猫见到老鼠，一早就被新邻居吸引过去了，现在应该还在罗夏家听他科普罗氏沼虾呢！”

此时的江小渔正趴在鱼缸玻璃上聚精会神地观察着罗夏哥哥养的罗氏沼虾，浑然不知已经到了饭点。罗氏沼虾全身呈淡青蓝色，伴有棕黄色斑纹，两只螯足特别长。江小渔试着比画了一下，快跟她的小臂差不多长了。站在一旁的罗夏看着江小渔的模样忍俊不禁：“小渔，罗氏沼虾也叫‘长臂大虾’，是长臂虾科、沼虾属动物。‘白脚虾’‘马来西亚大虾’‘金钱虾’‘淡水虾王’也都是它的称号。”江小渔惊呼：“什么？竟然叫‘长臂大侠’，好酷的名字呀！”罗夏立马意识到她把“虾”听成“侠”了，但转念一想：“小渔你说的也没错，它确实也是‘长臂大侠’。它那傲人的长臂，最长可达40厘米，与成年男子小臂相当，具有较强的战斗能力，在中国的淡水水域基本可以来去自如。所以‘长臂大侠’的称号它当之无愧。”

小贴士

“淡水虾王”称号的由来：罗氏沼虾是目前世界上养殖量最大的四大虾种之一，因其营养丰富，可食用蛋白质占20.5%，所以被称为“淡水虾王”。

● 江小渔观察罗氏沼虾

罗氏沼虾实拍

祖辈的迁移史

被江茂喊回家吃饭的江小渔飞速地吃完碗中的饭，立马又去罗夏家观察罗氏沼虾了。于晓被女儿急切的模样逗笑了，又看了看正在一旁边吃鱼边滔滔不绝科普着该鱼的江茂，心想女儿果然像她爸一样求知欲强，热爱学习。

“很久以前，罗氏沼虾生活在印度太平洋地区的热带和亚热带水域中，集中在厄瓜多尔沿岸各种类型的淡水和咸淡水水域。在孟加拉国、文莱达鲁萨兰国、柬埔寨、中国、印度、印度尼西亚、马来西亚、缅甸、巴基斯坦、菲律宾、新加坡、斯里兰卡、泰国等地也均有分布。”罗夏说得很认真，江小渔也听得很认真。小渔问道：“罗夏哥哥,那罗氏沼虾是怎么来到中国的呀？”

罗夏来了精神，立马解释：“20 世纪 60 年代以来，罗氏沼虾开始了自己的‘迁移史’，先后移居到亚洲、欧洲、美洲等一些国家和地区。罗氏沼虾迁移到中国的历程也是经过严格把控的。1961 年，中国籍驻联合国官员、生物学家林绍文博士，在马来西亚滨浪屿，首先对罗氏沼虾的人工繁殖进行了探索，并取得了成功。在 1962 年，他又进行了池塘养殖试验，于 1963 年取得了成功。从此结束了百年来罗氏沼虾养殖虾苗靠天然的被动局面，使罗氏沼虾繁殖向人工方向发展取得了新的进展，对罗氏沼虾向远隔重洋的美洲、欧洲及中国的迁移也是一个重大的推进。在1976年秋天，中国农业科学院从日本引进了罗氏沼虾，由广东省水产研究所试养，在1977年繁殖成功，先后分到全国14个省（市），共40多个单位试养，迄今已推广养殖的有广东、广西、福建、浙江、上海、山东、江苏等地。小渔，你知道中国目前罗氏沼虾的年产量有多少吗？”

江小渔莞尔一笑说：“这可难不倒我，在来之前我就查过资料了，目前中国罗氏沼虾的年产量已有18万吨左右。不仅如此，我还知道现在主要的养殖地区是广东、江苏和浙江。”说完她骄傲地扬起了小脑袋。

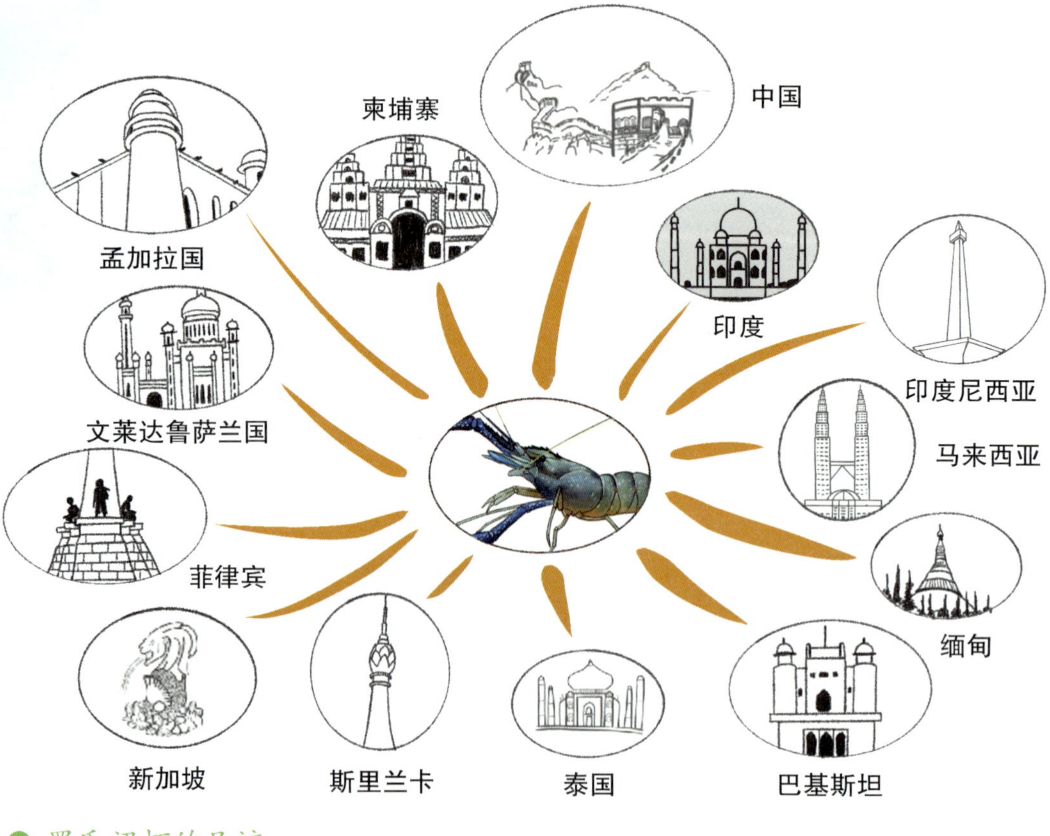

罗氏沼虾的足迹

昼伏夜出，金辰银戌

时间一点一滴过去，屋外的天色已经全黑了，江小渔还是意犹未尽，听得津津有味。罗夏停了停，把屋里的灯打开，打趣小渔："已经快到饭点了，记得要准时回家吃饭，不要让妈妈等急了。"江小渔想了想妈妈中午的眼神，郑重地点了点头，继续提问："罗夏哥哥，那罗氏沼虾平时都吃些什么呢？"罗夏说："罗氏沼虾是杂食性动物，和小渔

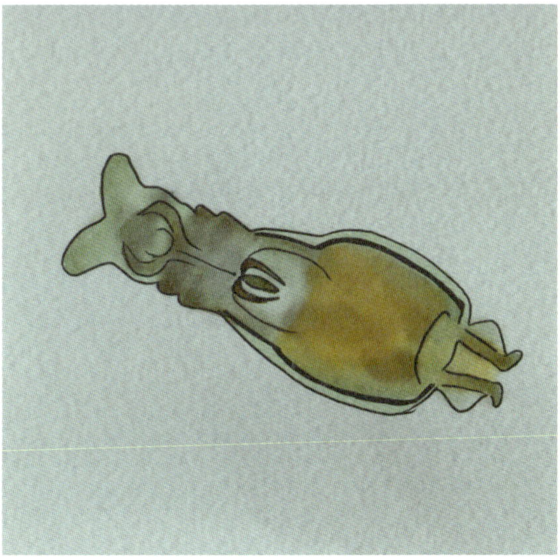

● 小型甲壳类动物（水蚤、丰年虫、轮虫）

● 两只在打架的罗氏沼虾

一样是个不怎么挑食的好孩子，但有趣的是它从小到大所吃的食物是不一样的。当它刚刚孵化出来时，处于溞状幼体至第一次蜕皮前，以自身卵黄为营养物质；第一次蜕皮之后，开始摄食小型浮游动物；多次蜕皮之后，罗氏沼虾个体逐渐长大，可以开始吃一些煮熟的鱼肉碎片、鱼卵，以及其他细小适口的动物性饲料；当它经过 11 次蜕皮成为幼虾后，食性转化为杂食性，主要以水生昆虫幼体、小型甲壳类、水生蠕虫、其他动物尸体及有机碎屑等为食物；等它真正长为成虾，能吃的食物就更多了，包括水生昆虫、软体动物、蚯蚓、小鱼虾、各种动物尸体、水生植物、着生藻类、谷物、豆类等。大自然中适者生存，物竞天择，如果没有充足的食物，罗氏沼虾甚至还会自相残杀取食。”

江小渔渴望知道关于罗氏沼虾的十万个为什么，刚知道了罗氏沼虾吃什么，又指着鱼缸中明显开始活跃起来的罗氏沼虾对罗夏说：“罗夏哥哥，它们怎么和白天比，看起来更活泼了呢？是因为它们也和我一样是‘夜猫子’吗？”罗夏被这个邻居家天真可爱的小姑娘逗笑了：“小渔你这么理解是对的，罗氏沼虾是水生底栖生物，天生对光比较敏感，不喜欢强光，更喜欢弱光。昼伏夜出，白天的时候喜欢躲在池底凹处或水草中，活动较少。晚上的时候就来了精神，而且胃口大开，频繁活动，这儿也看看那儿也瞧瞧，到处寻找食物。不过小渔，你还小，需要充足的睡眠长身体，‘夜猫子’还是不能当，不然就和这只罗氏沼虾一样瘦瘦小小不能健康长大了。”罗夏指了指鱼缸中个头最小的一只虾。江小渔立马连连点头。

小贴士

罗氏沼虾的生命活动周期分为受精卵、幼体、幼虾及成虾 4 个发育阶段。

怕冷又怕热的敏感体质

第二天，阳光正好，江小渔吃完早饭就敲响了罗夏家的大门，此时的罗夏正在拆快递。江小渔一眼就认出了这是加热棒，因为家里养着热带鱼的鱼缸里有，她好奇地问道："罗夏哥哥，为什么罗氏沼虾也需要加热棒呀？难道它也喜欢泡热水澡吗？"罗夏边鼓捣着加热棒边回答："小渔就是聪明，罗氏沼虾是一种亚热带虾类，喜暖怕冷，对水温有颇强的敏感性。一般来说，水温在15~35℃是它能够存活的温度，但25~30℃的水温是最惬意的。另外，在合适的温度范围内，水温越高，虾成长得越快。它最喜欢的水温是在一年四季中的夏天和秋天，这两个季节也是罗氏沼虾的最佳生长季节。"

● 低温时罗氏沼虾出现头部向下、尾部向上的现象

高温时罗氏沼虾出现猛烈弹跳的现象

江小渔又问道："那温度不合适的时候罗氏沼虾会死亡吗？"罗夏回答道："致死温度的上下限分别为 38℃和 14℃。如果发现个别虾出现头部向下、尾部向上的现象，就说明水温已经到达致死温度下限了。如果看见罗氏沼虾开始在水塘中猛烈地弹跳，表现很不正常，说明水温已经达到致死温度上限了，再持续几个小时，罗氏沼虾就要死亡了。一般温度超过 33℃或低于 18℃的时候，它就不太爱活动了，胃口也变小了，吃得少了，个头也就长得慢了，一些体质差的罗氏沼虾受不了这样的水温，就会纷纷死去。值得一提的是，在致死温度下限以上的低温只会延缓罗氏沼虾的生长或者令其停止生长，不会对它本身造成永久性的生长抑制。换句话来说，就是当水温恢复到适宜罗氏沼虾生长的时候，它还是会胃口大开，大吃特吃，个头也会继续长高。”

小时候爱咸水，长大爱淡水

罗夏今天的科普兴致强烈，一副不知疲倦的样子，继续向小渔讲解罗氏沼虾的生活习性：“罗氏沼虾对生活品质是有要求的。它对水质、水体的要求非常高，当它处在不同的生长阶段时会有不同的栖息习性。在罗氏沼虾还是幼体的时候，需要生活在咸淡水中，随着一天天地长大，变态为幼虾后，它就会逐渐溯河上游，栖息于江湖、河道的淡水水域中，罗氏沼虾接下来的大半辈子就会一直在淡水中度过。”江小渔两只手撑着下巴，听得聚精会神，仿佛不知疲倦，一大一小两个“水产迷”一直聊到了太阳西下。

幼虾溯河上游

第二节

春水初生，生机初盛

虾虾爱情

春日的阳光把池水晒得很暖，罗夏正招呼着江茂一家参观他的实验塘口。于晓本不打算来的，她对罗氏沼虾实在不怎么感兴趣，但无奈家里的一大一小听见罗夏要带他们去实验塘口参观，瞬间变得兴高采烈、手舞足蹈，她也只好奉陪了。

江小渔刚下车，就好奇地打量着周围的一切，一眼看不到头的众多塘口和忙忙碌碌的工作人员无一是小渔平常生活中能见到的。看着江小渔一脸兴奋的样子，江茂打趣道："小渔，爸爸来考考你，你知道现在这个季节是罗氏沼虾生长的什么阶段吗？"这可难不倒江小渔，她来之前可是做了不少功课的，小渔回答说："当然知道啦，现在是春季，正是罗氏沼虾繁殖的季节，雄虾都在鼓足了劲儿表现自己，想找一个伴侣呢。"

大伙儿都被小渔逗笑了，罗夏笑着问："刚刚你爸爸考得比较简单，我这儿有个更难的问题，你愿不愿意接受挑战？答对的话，带你去看罗氏沼虾的孵化。"江小渔想都没想就点了点头。罗夏问道："你知道怎么分辨罗氏沼虾的性别吗？"

江小渔拧着眉毛思考了一会儿："当它们发育成熟时，凭借肉眼就可以将它们区分开来，比如可以通过体型大小来区分，相同年纪的雄虾的块头会比雌虾大。另外，雄虾的第二步足比较粗长，是蔚蓝色的，雌虾的就比较细短，呈现灰蓝色。"小渔一脸自豪地说完。

"也可以通过观察第五步足基部之间的距离来分辨，雌虾第五步足基部之间距离比较宽阔，呈八字形排列，而雄虾的比较狭窄；最重要的是观察生殖孔的部位，雄虾位于第五对步足基部内侧，雌性位于第三对步足基部内侧。"于晓接着补充，"最后是雄性第二腹足的内肢，其内缘有一棒状突起，称为雄性附肢，而雌性没有。江茂天天在我耳根边讲这些知识，想记不住都难。"江茂听见这话十分高兴，觉得老婆在变着法夸他。

刚刚提到了雄虾的第二步足，江茂正巧有些不明白，便拍了拍罗夏的肩膀说："小罗同志，你是罗氏沼虾方面的专家，我想问问雄虾的第二步足是不是会变化呀，变化规律又是什么呢？"罗夏点了点头，说道："这个问题提得太好了，确实会变化。

● 雄虾拨开水草看见雌虾

雄虾背面

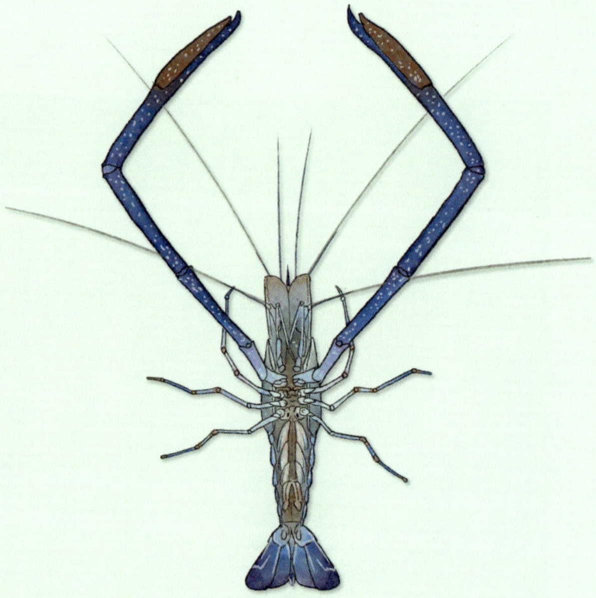

雄虾腹面

雌虾背面

雌虾腹面

● 雌虾和雄虾区别对比图

在罗氏沼虾的繁殖群体中，雄虾有 3 种不同的形态，主要就是按照第二步足的长度与身体的比例、颜色等特征，将他们分为蓝螯型、橙螯型和小型雄虾。不仅仅是外形不一样，这 3 种雄虾在行为举止和生长速度方面也存在着很大的区别。无论是在隐蔽场所的竞争、居域的优先选择、食物资源的获取，还是在对配偶的保卫及交配等方面，蓝螯雄虾相对橙螯雄虾和小型雄虾均具有强势地位，蓝螯雄虾一般都是罗氏沼虾种群中的‘上等阶级’，其次是橙螯雄虾，最后是小型雄虾。当蓝螯雄虾被移除后，不太占优势的橙螯雄虾会摇身一变成为蓝螯雄虾。听起来是不是很神奇？”一家三口听完连连点头。

3 种不同形态的雄虾

虾宝宝的孵化

在塘口转悠一圈后，罗夏领着大家来到了孵化池。“罗氏沼虾们找到彼此的伴侣之后，会很快产卵。这些受精卵并不离开母体，而是黏附在雌虾腹足的刚毛上。受精卵是椭圆形的，直径为 0.5~0.7 毫米。刚产出的卵为橘黄色或略带绿色，随着时间的推移，受精卵的颜色就会逐渐变为淡黄色、深灰色。”罗夏边说边从孵化池中捞出一个抱卵的雌虾。江小渔顺着罗夏手指的部位能清晰地看见受精卵，惊叹之余，小渔还是忍不住发出了疑惑：“这个淡黄色卵中黑黑的点是什么呀？”

雌虾抱卵

罗夏答道："这是罗氏沼虾颗粒状的复眼。再过一段时间，等受精卵从淡黄色完全变为深灰色后，罗氏沼虾就会破膜而出，进入到幼体发育阶段。"

正弯腰盯着水中雌虾观察的于晓转头问道："雌虾一直摆动着腹足是因为什么呀？"见老婆这么勤学善问，江茂立马回答："它通过不断摆动腹足产生水流，使虾宝宝能够得到清新的水质。这是雌虾在呵护自己的小宝宝呢。"

小贴士

罗氏沼虾的胚胎发育主要分为7个时期，包括细胞分裂期、囊胚期、原肠期、前无节幼体期、后无节幼体期、前溞状幼体期、溞状幼体期。当水温稳定在25~28℃时，罗氏沼虾从受精到孵化需20天左右。

在人工繁育过程中，当受精卵由棕黄色变为灰色时，需要每天在孵化池中逐渐加入少量海水，池水盐度达到1.2% ~ 1.4%，使溞状幼体孵出。这样幼体一孵出即可在适宜环境中生活，有利于提高孵化率。

虾宝宝的成长

孵化池有很多，罗夏刚介绍完这一个，又带着大家来到了另一边的孵化池。这边的孵化池里没有雌虾，而是有很多小小的“虫子”。仿佛预感江小渔又要提问了，罗夏指着池中的“虫子”说：“这些是溞状幼体，虾宝宝破膜而出时呈溞状，所以这么称呼它。这是罗氏沼虾整个生命周期中唯一需要在咸淡水中度过的生活阶段。此时，它们已经和父母分离，开始了独立生活。刚出生时可以依靠自身的卵黄提供营养，但当它经历过第一次蜕皮以后，就要开始自己捕食小型浮游动物了。”

江小渔立马补充：“在盐度、温度和溶氧适宜的情况下，经历 1 个月左右，11 次蜕皮后，这些虾宝宝将会变态为幼虾。”

● 虾宝宝与父母分离

小贴士

罗氏沼虾幼体发育共分为12个时期，各期的交替是通过蜕皮实现的，每进行1次蜕皮后幼体就出现新的形态构造特征，使幼体发育逐步完善。这个发育期的主要形态特征见表1。

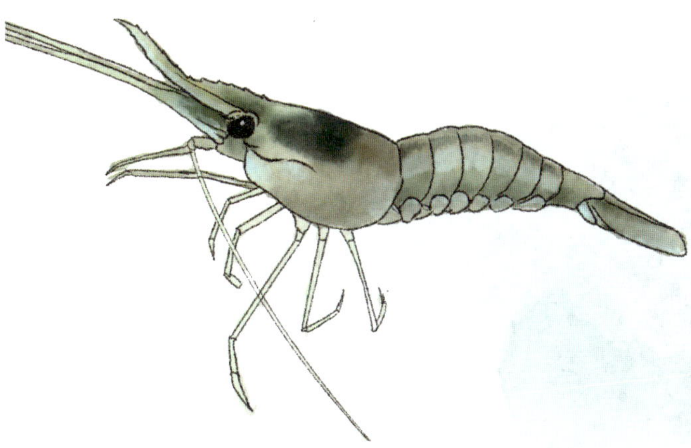

表 1　罗氏沼虾幼体各期的主要形态特征

幼体期	形态特征	生活习性
1	无眼柄。尾节与第六腹节未分开	浮游生活，以自身卵黄为营养，有明显的集群和趋光现象
2	有眼柄。尾节与第六腹节有分离的痕迹，步足 5 对	自身卵黄大减，开始摄食丰年虫幼体等
3	额角背齿 1 个	卵黄消失，大量摄食
4	额角背齿 2 个，触角鞭 3 节	集群现象消失
5	触角鞭 3 节，尾节侧刺 1 对	食量增多，除摄食丰年虫幼体外，喜食鱼肉碎片
6	触角鞭节与触角片等长	个体差异明显，大量摄食，浮游，较分散
7	腹肢芽延长，并分成内肢、外肢，与前期基本相似，无刚毛。触角鞭 6 节并长于触角片	个体差异不如前期明显
8	腹肢外肢有刚毛，内肢无刚毛。第一、二步足有不完全的螯，触鞭 7 节	出现向后倒退呈直线运动的现象，集群现象明显，喜弹跳
9	腹肢内肢、外肢均有刚毛，内肢有棒状附肢，第一、二步足有完全的螯，触角鞭 9 节	向后倒退呈直线运动更加明显，喜弹跳
10	额角背齿 2 个，偶尔有 3 个触角鞭 11~12 节	个体差异较大，争食现象明显，趋光性强
11	额角背齿 2 个，并额角背缘全有齿刻，触角鞭 14~15 节	出现垂直旋转运动，将变态成仔虾
12	额角背齿 11 个，额角下 5~6 个，触角鞭 32 节或更多	水平游泳，底栖生活，杂食性

小贴士

在人工养殖过程中，当大部分幼体变态为幼虾时，需要对其进行淡化处理。幼虾在盐度为 0.4% 的水体中饲养 6~8 个小时，就完成了幼虾淡化，然后将幼虾放入淡水培育池内饲养，此时幼虾的体长为 0.8 厘米左右。

第三节

夏池如碧，茁茁壮壮

胃口大开

马路两旁树上的蝉儿，吱呀吱呀地乱叫，夏天的太阳快把人烤化了，刚刚放学的江小渔愁眉苦脸地坐在餐桌上吃着午饭。见到女儿这副愁容，江茂关切地询问：“是什么问题难倒我们家的小渔了？”江小渔立马叹了口气：“去年的研学去苏叔叔那边参观了蟹塘，今年研学的主题是了解一种动物，我在发愁不知道这次的研学去哪儿呢？”江茂听完哈哈大笑：“这还不简单，我们可以问问你罗夏哥哥，他前几天还再次邀请我们一家去他的罗氏沼虾养殖塘口参观呢。”小渔听了立马来了精神，立刻就往罗夏家里奔去。

“罗夏哥哥，这两只罗氏沼虾在打架哎，快看快看，有一只在向后弹跳。”从进门开始，江小渔的眼睛就没从罗夏家的鱼缸上挪开。罗夏递给小渔一罐饮料，说道：“小渔，先喝点饮料降降温。说到罗氏沼虾的弹跳，就不得不提它很弱的游泳能力，因为游泳能力弱，所以当它们遇见天敌时，只能通过急剧收缩腹部，借助尾扇的作用，让身体迅速向后弹跳来避开天敌。”小渔听得认真，连饮料瓶都忘记打开了，忽然她想起正事了，说：“对了，罗夏哥哥，我能不能再去你的塘口看一看罗氏沼虾呀？今年研学的主题是了解一种动物，我觉得罗氏沼虾就很合适。”罗夏立马回道：“当然可以啦，随时欢迎你们参观，能为你们讲解罗氏沼虾，对我来说也是一种乐趣。”

● 罗氏沼虾弹跳躲避天敌

周末，罗夏就将研学安排上了日程，一大早就带着江小渔一家来到了自己的养殖塘口。塘口的水很清澈，能看见水中的水草和沙石。江小渔在塘口边观望了半天也没看见罗氏沼虾，不免有些着急。罗夏好像看出她的想法，说：“小渔，记不记得我们之前说过罗氏沼虾是昼伏夜出的动物。白天的时候，它一般不出门，喜欢躺在水草里睡觉，等到了晚上，就是它的进食时间了。飘在水底的植物根茎、泥里的蚯蚓、游来游去的水蚤等，都是它的食物。等它吃饱后，也会在浅水区域‘散散心’。”小渔恍然大悟：“对哦，罗氏沼虾喜欢昼伏夜出。”江茂紧接着问：“和春天的时候一样，现在爸爸再来考考你，知道夏天是罗氏沼虾的什么季节吗？”小渔想都没想，大声回答：“是罗氏沼虾的生长季节。追根溯源罗氏沼虾是来自热带地区的，随着夏季的到来，温度上升，最适合它们生长的阶段就到来了。”

浅滩边散心的罗氏沼虾

破茧成蝶——蜕壳

江小渔是个闲不住的小姑娘，绕着罗氏沼虾的养殖塘口仔细地观察，这不，还没等罗夏哥哥捞上一只罗氏沼虾给她，她就率先在靠岸的水草上看见了一只，说道："罗夏哥哥，爸爸妈妈，你们快来看，我找到罗氏沼虾了！"正围观罗夏捞虾的夫妻二人以及罗夏本人放下手里的活儿，快步走了过来。罗夏定睛一看，

● 发现罗氏沼虾蜕壳的小渔

说："小渔，这不是罗氏沼虾，这是罗氏沼虾蜕下来的壳。罗氏沼虾一生中会经历 3 种蜕壳，分别是生长蜕壳、生殖蜕壳和再生蜕壳。现在正值夏季，罗氏沼虾个头猛长的同时，也要经历一次次生长蜕壳。"

江茂刚想补充，于晓先接了茬："罗氏沼虾体表有几丁质的外壳，它是虾类的外骨骼，为了更换束缚其躯体的这层外骨骼，使虾体不断长大，必须通过不断蜕壳来实现。虾体的生长只能在旧壳蜕去之后，新壳硬化之前这一段时间内进行。因此，经常的蜕壳已成为虾类生长、发育的必然规律。"刚说完，江小渔和江茂皆是一脸赞许地看向于晓，小渔心想"水产迷"老爸喜欢上老妈是有道理的。

小贴士

生长蜕壳：虾体的发育、变态，幼虾和成虾的生长都必须通过生长蜕壳来实现。幼虾与成虾每蜕 1 次壳，体长和体重就有显著的增加，罗氏沼虾一生中多数的蜕壳为生长蜕壳（当罗氏沼虾在春天从溞状幼体成长为幼虾时经历的 11 次蜕皮就属于生长蜕皮，夏天是它的旺盛生长期，也在频繁地进行生长蜕壳）。

生殖蜕壳：雌虾在产卵前要进行 1 次蜕壳，蜕壳后雌雄进行交配、产卵，蜕壳后的雌虾游泳足基部出现携卵刚毛。这种生殖蜕壳后对体重没有什么影响。

再生蜕壳：当虾的附肢缺损，为了使其再生，也要通过蜕壳的方式完成。这种再生蜕壳，体重也不会有多大的增加。此外，当环境发生突然变化时，罗氏沼虾为了适应环境，有时也会蜕壳。

虽然妈妈说得很详细了，但求知欲强烈的小渔还是不满足，又问："那罗氏沼虾是如何蜕壳的呀？"江茂生怕又被抢答，失去向女儿科普的机会，立马开口："小渔，罗氏沼虾在蜕壳前有一段时间是不进食的，在旧壳蜕去之前，新壳就已经形成了，在新旧壳之间有一层薄的液体将它们分开。即将要蜕壳的罗氏沼虾会安静地侧卧在水底，慢慢等着头胸甲与腹甲之间的薄膜裂开，随后头胸甲部先蜕出，然后它就开始了剧烈的屈伸动作，随着动作的加深，新旧壳之间逐渐剥离，等到时机成熟就猛地从旧壳中一跃而出，完成蜕壳。一般健康的罗氏沼虾，蜕壳时间在 2 分钟左右。"

江小渔听得津津有味，对老爸和老妈投去崇拜的目光，但很快就被罗夏捞起的罗氏沼虾吸引，立马去帮忙捞虾了，此刻的塘口充满着欢声笑语。

● 正在蜕壳的罗氏沼虾

小贴士

罗氏沼虾蜕下的旧壳包括头胸甲、腹甲、额角、复眼、附肢、鳃、胃、肠、肛门等，旧壳连成一体，好像从虾体上蜕下一套完整的外衣。幼体每蜕 1 次壳，不仅躯体增大，而且某些形态构造从无到有，从简单到复杂逐步完善。

第四节

秋水微寒，满载而归

各奔前程

金风送爽，天朗气清，正值丰收。携卷着早秋寒气的微风吹皱了水面，江小渔站在岸边忍不住拉上了外套拉链。今天是罗夏哥哥的养殖塘口丰收的日子，她一大清早就跟着罗夏一起来到了塘口。

罗夏说过人工养殖的罗氏沼虾大部分都会作为商品出售，只有很少一部分非常优秀的会留下来作为亲虾。因为遗传因素、环境因素和摄食情况不同，所以尽管罗氏沼虾们生活在同一个水体中，但虾和虾之间的生长存在着一定的差距，为了优生优育，必须选择“最好的”的亲虾。

江小渔是个货真价实的“疑问少年”，她看见工人在忙碌地挑选亲本，忍不住好奇挑选的依据是什么，连忙问罗夏：“罗夏哥哥，亲虾是如何挑选出来的呀？”罗夏停下手中记录数据的工作，说：“小渔，你看那个叔叔挑选的亲

亲本筛选

虾的个头是不是又大又均匀，亲虾的体型要求适中，这样的个体产卵量大，孵化率高，产幼体多。而且还需要是健康无病的个体，作为肩担重任的亲虾还需要身体强壮，体色明亮，动作灵活。”很快就有工人又搬来了一筐罗氏沼虾，需要罗夏记录数据，他只好说：“小渔，你观察观察这些亲虾，然后谈谈自己的发现好吗？我先记录一下。”江小渔连连点头。

在罗夏落笔的同时，江小渔也观察完了，说：“罗夏哥哥，我发现这些亲虾的附肢都是完整的。我在科普书里了解到虾的附肢具有感觉、摄食、防御和运动的功能，同时与交配、受精和孵化有直接关系。我想如果选了附肢缺损的亲虾肯定容易感染病菌，造成死亡，也会影响幼体虾的质量和数量。我说的对吗？”罗夏欣慰地笑了笑，心想小渔果然是个合格的“水产迷”，他笑着说：“恭喜你回答正确！不仅如此，还需要年龄适中。一冬龄的雌虾抱卵后，在孵化过程中受精卵不易脱落，同时一冬龄的初产雌虾产卵后，性腺发育快，成熟早。而二冬龄雌虾虽怀卵量多，但在孵化过程中，受精卵易脱落，孵出的幼体较少，重复抱卵时间相隔较长，复产次数较少。”江小渔听完，就觉得自己的知识积累还是不够多，暗暗发誓回家以后一定要多学习。

小贴士

亲虾是人工繁殖的物质基础。亲虾是指已达到性成熟年龄并可用作繁殖后代的雄性和雌性个体。

营养价值

幸运且优秀的亲虾们被挑走，承担起繁衍后代的重任。剩下来的成虾也不闲着，它们将在美食领域发光发热。

“罗氏沼虾肉质鲜嫩，味道鲜美，壳薄体肥，口感爽脆，除富有一般淡水虾类的风味以外，成熟的罗氏沼虾头、胸甲内充满了生殖腺，就是我们常说的‘膏’，有近似于蟹黄的特殊鲜美之味。”江小渔坐在餐桌前指着虾膏说道。从塘口回来之后，小渔恶补了关于罗氏沼虾的知识。今天罗夏送来一桶罗氏沼虾，在江茂和于晓的热情邀请下，众人一起吃了晚餐，餐桌上自然少不了罗氏沼虾。

“罗氏沼虾不仅味道好，营养也十分丰富。可食部分含蛋白质20.5%、脂肪0.48%、水分77.8%，蛋白质含量与对虾（20.6%）相当，比常见的草鱼（17.9%）、鲤鱼（18.1%）等食用鱼类都高。”罗夏边剥虾边说道。

江小渔立马补充：“罗氏沼虾也含有多种维生素及人体必需的微量元素。比如，含有丰富的镁，镁能很好地保护心血管系统，可减少血液中胆固醇含量，防止动脉硬化，同时还能扩张冠状动脉，有利于预防高血压及心肌梗死；含有丰富的钙、磷、铁，这些营养物质也是人类身体中所必需的，可以帮助人类的骨骼生长，对小儿、孕妇极有裨益；维生素A可以补充眼睛所需要的营养素；并且还有丰富的虾青素，可以补充人体血液脂肪代谢所需要的营养素等。从中医的角度来说，虾肉有通乳抗毒、养血固精、化瘀解毒、益气滋阳、通络止痛、开胃化痰等功效。”江小渔一股脑说完，刚喘一口气，准备剥虾，发现一盘虾已经光盘了。一扫眼，看见江茂的碗旁堆着高高的虾壳，刚想责问，就见于晓从厨房又端出一盘来，小渔立马笑眯眯地说：“还是妈妈最好！”

罗氏沼虾头、胸甲中的虾膏

煎炒焗炖样样行

酒足饭饱之后，大家意犹未尽地围坐在餐桌上，不知道是谁提起了罗氏沼虾的烹饪方法，江茂说：“绝对是红烧罗氏沼虾、蒜茸蒸罗氏沼虾，还有茄汁罗氏沼虾仁是最经典最好吃的做法。”于晓不服气地反驳：“白灼罗氏沼虾又省事又好吃。”一直没吭声的罗夏也加入了讨论：“之前我们食堂的大厨做过避风塘罗氏沼虾，那个味道令我久久难忘啊。”眼看众口难调，大家各执己见，小渔咽了咽口水：“能不能每个花样都做给我尝尝。”逗得大家哈哈大笑。

红烧罗氏沼虾

材　　料：

罗氏沼虾 500 克、大蒜 4 瓣、葱 1 根、生姜 1 块、白糖 1 勺、生抽 2 勺、盐 2 克、料酒 2 勺、食用油适量。

做法步骤：

① 将罗氏沼虾触须剪去，用清水洗净，沥干备用。

② 将生姜切成片，葱切成小段备用。

③ 在锅中倒入适量食用油，待锅中的油开始冒烟时放入大蒜瓣和生姜片煸炒。

④ 随后倒入沥干的罗氏沼虾翻炒，加入料酒、水、生抽、白糖、葱、盐，小火焖煮至虾熟，待汁水收干后，起锅装盘即可。

菜谱简介：

这种虾的做法很受欢迎，经过油爆后的大虾，吸收了蒜的香味，加之生抽激味，香气一瞬间就能让人倾倒。再加点白糖和水，稍微焖煮 2 分钟，虾身滑嫩，汤汁甜美，将之拌饭，一盘虾连肉带汤，轻易间就消灭殆尽。

蒜茸蒸罗氏沼虾

材　　料：

罗氏沼虾 500 克、丝瓜 200 克、蒜泥 50 克、盐 2 克、味精 2 克、葱花 10 克、豆豉酱 100 克、黄酒 50 克、胡椒 3 克、食用油 600 克。

做法步骤：

① 将丝瓜去皮，切成宽 2 厘米、长 5 厘米的段。起锅入油 560 克，烧至五成热时，放入切好的丝瓜，过油 5 秒钟，捞出控油，备用。

② 将虾洗净开背，开成两半，整齐放在盘子中。将蒜泥、盐、味精、黄酒、胡椒调和成料，均匀地放在盘中的虾上。上笼旺火蒸 3 分钟至熟透。

③ 将过油后的丝瓜平放在盘底，蒸好的虾放在丝瓜上面。另起锅，加入 40 克食用油，加豆豉酱、葱花炝香出锅，淋在虾上即可。

菜谱简介：

这道菜是由粤菜改良而来的，操作时一是注意虾不要蒸老，一般旺火蒸以不超过 3 分钟为宜；二是注意丝瓜一定要过油，这样才能保持其翠绿的颜色长久不退，切不可以过水来代替。

茄汁罗氏沼虾仁

材　　料：

罗氏沼虾500克、番茄1个（300克）、小葱3根、生姜1块、大蒜2瓣、盐适量、胡椒粉适量、鸡精适量、白糖适量、料酒1勺、番茄酱1勺、鸡蛋1个、淀粉适量、食用油适量。

做法步骤：

① 罗氏沼虾去壳和虾线，刀开虾背，用料酒、盐、胡椒粉、鸡蛋清腌制30分钟（夏天腌制可放冰箱冷藏）。番茄去皮切丁，姜、蒜切粒，葱切小段。

② 热锅加两汤勺食用油，大火放入生姜、大蒜爆香，倒入虾仁翻炒变色后装入碗里。

③ 锅里再放1勺食用油，加入番茄丁、番茄酱、盐、白糖、鸡精翻炒至起泡。

④ 倒入虾仁均匀翻炒2分钟左右，加水淀粉继续翻炒1分钟左右，最后加入小葱炒匀起锅装盘即可。

菜谱简介：

罗氏沼虾是淡水虾，虾仁烹饪以后不会发红，茄汁炒虾仁不仅酸爽开胃，而且虾仁入味嫩滑，老少皆宜。

白灼罗氏沼虾

材　　料：

罗氏沼虾 500 克、生姜 20 克、葱 1 根、料酒 1 勺、蒜适量、盐 1 勺、酱油适量、香油适量。

做法步骤：

① 罗氏沼虾剪掉虾须，冲洗干净放入碗里，加入 1 勺盐和适量清水，浸泡 30 分钟，冲洗干净。

② 生姜去皮洗净切片，葱洗净打成葱结备用，蒜加入适量酱油，将香油烧热倒入酱料中。

③ 锅内倒入适量清水，放入葱结、姜片及少许料酒（加入这些配料，白灼出来的虾肉会更有弹性）。

④ 水微开的时候把虾放进去，大火煮 10 分钟（罗氏虾的虾头有虾膏，煮的时间要长一些，但并不会影响虾肉的鲜美），熟后即可盛盘蘸酱料吃。

菜谱简介：

只要虾足够新鲜，白灼可以最大限度地保留虾原有的味道，只需要配一点适合自己口味的清淡蘸料就足够。

避风塘罗氏沼虾

材　　料：

罗氏沼虾 500 克、面包糠 1 小碗、蒜头 1 颗、生姜 1 块、葱 2 根、黑胡椒碎少许、蒸鱼豉油 2 勺、料酒 1 勺、食用盐 1 勺、食用油适量。

做法步骤：

① 用剪刀把罗氏沼虾的虾脚、虾须、虾尖剪干净，用清水清洗干净，控干水分备用。

② 生姜去皮洗净切成丝，蒜头用刀拍一下，去皮剁成蒜泥，葱洗干净切成葱末备用。

③ 罗氏沼虾放入大碗中，加入姜丝、2 勺蒸鱼豉油、1 勺料酒、1 勺食用盐、少许黑胡椒碎调味，戴上一次性手套抓拌均匀，腌制 20 分钟，让虾更加入味。

④ 炒锅中倒入适量食用油烧热，把腌制好的罗氏沼虾放入锅中煎，翻动使其受热均匀。大概煎至 3 分钟，待罗氏沼虾熟透，盛出备用。

⑤ 另起锅倒入适量食用油小火烧热，放入蒜泥干煸，干煸至蒜泥成金黄色，再倒入面包糠，小火翻炒至酥脆。

⑥ 倒入罗氏沼虾翻炒均匀，虾身都裹上面包糠翻炒片刻（如果喜欢吃辣，还可以放入辣椒段一起翻炒，口味会更佳）。最后撒上葱花点缀，即可关火出锅。

菜谱简介：

这道菜除了虾，最重要的就是蒜泥和面包糠了。其精髓是蒜泥和面包糠的甘口焦香、香而不腻、脆而不糊。虾肉鲜美滑嫩，味道浓郁，令人胃口大开。

小贴士

罗氏沼虾的食用禁忌

① 虾背上的虾线是虾未排泄完的废物，因为吃到口中会产生泥腥味，影响食欲，所以应该去除。

② 体色发红、身软、掉头的虾不新鲜，尽量不买。腐败变质的虾一定不能吃。

③ 虾与部分水果同时食用应注意。虾含有丰富的蛋白质和钙等营养物质，若与含有鞣酸的水果（如柿子、山楂、石榴、葡萄等）同吃，不仅会降低蛋白质的营养价值，而且鞣酸和钙结合会形成鞣酸钙，这样易刺激胃肠、引起不适，造成呕吐、头晕、腹泻腹痛等症状。

④ 食用虾的同时最好不要大量喝啤酒，因为那样会产生过多的尿酸，从而引起痛风。食用时可配以干白葡萄酒，因为其中的果酸具有杀菌与去腥的作用。

⑤ 虾的背部呈青黑色是新鲜的表现。一般虾壳坚硬，头部完整，体部硬朗、弯曲，个头大的虾味道比较鲜美。

⑥ 食虾过敏及患有过敏性疾病，如过敏性鼻炎、过敏性皮炎、哮喘的患者，应慎食。

第五节

冬棚保温，休养生息

温暖居室

日子过得可真快呀，转眼就立冬了，天气也越来越冷。伴随着一声“阿嚏”，江小渔敲响了罗夏的家门。上周小渔就和罗夏约好了要去看越冬大棚的搭建。罗夏打开门，招呼着小渔坐下，给她倒了杯热水，说：“等我拿个外套，我们就出发。”

江小渔刚下车，就被冷风钻了脖子，忍不住打了个激灵。还没走到塘口边，就远远地看见水面上白茫茫的一片。走近了一看，只见一张足够覆盖虾塘的连片薄膜在众人灵活的协调动作下翻飞，他们从塘边两端合力用薄膜把整个虾塘严密覆盖起来，再用铁丝框架固定在地桩上。

罗夏指着白色的塑料大棚说：“这就是越冬虾棚，是专门为了让罗氏沼虾安全过冬而搭建的，直到明年春天气温回升才会拆除。”刚说完转头一看，江小渔已经走到工人旁边凑近观察大棚的搭建过程了。

● 越冬虾棚

小贴士

罗氏沼虾越冬主要是使用薄膜覆盖保温，利用前冬期土地保留的热量使覆盖池塘水温保持在18℃以上，但时间不长。考虑到天气突变或寒潮持续时间长，要配备人工加温设施，最好使用热水锅炉，在需要时应急使用，以避不测。

开始养生

“罗夏哥哥，窝在虾棚里的罗氏沼虾是在冬眠吗？”看着眼前的大棚，小渔不免发出疑惑。罗夏回答道：“小渔，罗氏沼虾是没有冬眠习惯的。它们依然是白天睡觉，晚上吃饭，一天吃 3~4 顿，每顿摄食的食物量不超过体重的 3% ~5%。它们在积蓄能量，休养生息，为来年繁衍后代做准备。”

工人泼洒消毒药物

江小渔看见几个工人端着一个脸盆进了大棚，她好奇地问道："罗夏哥哥，他们端的是什么呀？"罗夏盯着工人们手中的脸盆看了一眼，说："这里面装的是消毒药剂，待会儿工人们会泼洒进塘里，投药消毒是为了防止罗氏沼虾生病。"

一提到投药消毒，小渔又有一堆问题冒了上来："那罗氏沼虾一般会得什么病呀？"罗夏耐心地说："一般有软壳病、纤毛虫病、褐斑病、黑鳃病和硬壳病等。当水温降至20℃以下时，罗氏沼虾基本就只在池底活动。然而池底是整个水体中污染相对比较严重的区域，罗氏沼虾在这种环境条件下生活是非常容易感染上一些疾病的。例如，感染上黑鳃病，罗氏沼虾的鳃就会全都变为黑色，内外布满菌丝，活活窒息而死。"小渔听完咂了咂舌头，对罗氏沼虾深表同情。

● 罗氏沼虾黑鳃病

第六节

冉冉升起的新星

兄弟多多产量高

“随着人们生活水平的提高，大家在饮食方面的要求也更加严格和挑剔。虾类作为深受人们喜爱的食材之一，优点自然是很多的，它营养丰富，味道鲜美，受到众人的青睐。市场上售卖的虾品类众多，有刀额新对虾、日本对虾、中国明对虾、南美白对虾和阿根廷红虾等，面对这些各有特点的竞争者，罗氏沼虾也毫不逊色。”罗夏端坐在座位上，认真地讲解着。今天是江苏省淡水水产研究所组织的科普座谈会，主要面向水产养殖工作者。江小渔是特邀听众，当知道罗夏要参加科普座谈会并作为讲课老师时，她第一个举手报名，今天来到现场听罗夏的科普，小渔顿时觉得当时的举动太明智了，这些知识多有趣呀！

罗夏的声音很清晰地传入耳中：“在味道和营养方面，罗氏沼虾壳薄体肥，肉质鲜嫩，营养价值高。除了富有一般

淡水虾类的风味外，还具有近似于蟹黄的特殊鲜美滋味，吃它相当于既吃到了虾又尝到了螃蟹，获得双重体验。在人工养殖方面，优点也非常显著，罗氏沼虾食性多样、生长快、抗病能力强、养殖周期短。当前，罗氏沼虾养殖正处于发展阶段，具有广阔的前景。尽管竞争者多多，但依然脱颖而出，产量已经占淡水虾产量的第 4 位了。”

产业规模年年涨

“请问在座有人知道罗氏沼虾 2022 年的产量是多少吗？”罗夏提出了今天座谈会的第一个问题。很快就有人举手回答：“这个问题我知道，2022 年中国罗氏沼虾行业产量为 18 万吨左右。”罗夏点头表示了赞同，又接着说道：“随着人们生活水平的提高，对罗氏沼虾的需求量肯定也会水涨船高，产业规模也势必会增长。预计到 2023 年，罗氏沼虾产量及需求量分别将达到 19.12 万吨和 18.71 万吨。”众人听完，纷纷点头，觉得罗氏沼虾的养殖前景非常乐观。

“请问有人知道罗氏沼虾主要消费区域吗？”罗夏提出了第二个疑问。江小渔听完立马举起了小手，回答道：“罗氏沼虾主要消费区域大多为经济发达地区，如长江三角洲与珠江三角洲地区，这两大地区正是罗氏沼虾养殖最多的地区。”罗夏笑眯眯地夸道：“小渔说得不错。目前，随着人们消费水平的提高，对罗氏沼虾的消费方式也呈现多样化，除活虾上市外，虾仁的消费比例逐年增长，烹饪方式也多种多样，如黑胡椒虾、柠檬虾、酸辣虾、烧烤虾、铁板虾等。因此，中国经济的增长，人均收入水平的提高，导致人均购买力的上升，带动了国内罗氏沼虾消费市场。”

小贴士

随着育种技术的不断革新与创新品系的不断推出，中国已经主导了世界罗氏沼虾产业的发展，成功完成了从无到有，再从落后到领先的蜕变。2022 年，中国罗氏沼虾行业需求市场规模 124.95 亿元，预计到 2023 年罗氏沼虾行业市场规模将达到 136.3 亿元。

● 市场买虾

高效养殖"钱"景好

"罗氏沼虾的小小虾苗，就能助推乡村振新，带动产业发展。人们已经对罗氏沼虾的习性了如指掌，针对它们的生活习性，打造出了多种适合中国乡村的养殖模式。中国罗氏沼虾的养殖模式主要包括以广东省肇庆市高要区为代表的'轮叶黑藻＋温棚模式'，以江苏省高邮市和浙江省嘉兴市为代表的'温棚培育＋池塘养成模式'或'全程温棚模式'。其他还有稻田综合种养模式，与小龙虾、南美白对虾、青虾、河蟹、鳙鱼、鳜鱼、罗非鱼、环棱螺等混养或轮养模式。"罗夏停顿了下，拧开杯子喝口水，刚准备继续讲，有听众接着说："我就是高要人，我们广东高要被誉为'中国罗氏沼虾之乡'，养殖罗氏沼虾历史悠久。对于高要的养殖模式我可是非常了解。"

听众席里传来叽叽喳喳的讨论声，似乎对高要的养殖模式都很感兴趣，罗夏说："那麻烦您为我们大家介绍介绍。"那位听众不好意思地挠了挠头，说："在座大多都是同仁，我就献丑讲一讲，希望大伙儿别嫌弃。高要罗氏沼虾的养殖以土塘为主，利用温棚越冬，包括‘一年一茬’‘两年三茬’等模式，在养殖过程中均种植轮叶黑藻。‘一年一茬’的模式较为传统，病害发生较少，商品虾品质较好，但产量不高，利润较低。‘两年三茬’的养殖模式为精养模式，采用分批放养和温棚越冬，该模式投入成本高，需更优越的养殖条件、较好的养殖技术、较高的管理水平。欢迎大家去高要参观，我在高要也有几个塘口，到时候可以互相交流交流经验。”话音刚落，大家纷纷鼓起了掌。

刚刚那位听众起了很好的带头作用，又有一位听众说道：“我来自高邮，也在嘉兴养过罗氏沼虾，这两个地区的养殖模式我比较熟悉。高邮和嘉兴罗氏沼虾的养殖主要为轮捕轮放的精养模式，一般每 15~30 天捕 1 次虾。高邮早苗养殖模式属于温棚培育 + 池塘养成模式，遇极端天气温棚会受损，从而造成很大损失。若天气好、苗好、生长快，上市得早，则售卖的价格就会高，利润也会增大。”

稻田综合种养模式

大伙儿又纷纷鼓掌表示赞同，罗夏接着说：“谢谢这两位同仁带来的科普，讲得都非常好，我就做一个补充，继续讲讲稻田综合种养模式。稻田综合种养模式目前已经在多地进行推广，技术要求较高，但能实现一水有多用，一地生多金，大大提高土地利用效率，为农民增收致富拓宽路径。”

这次的座谈会举办得非常成功，江小渔感觉自己收获满满，不仅学到了知识，还认识了这么多从事水产养殖行业的叔叔阿姨，对罗氏沼虾和水产这个行业有了新的认知。